戎光祥レイルウェイリブレット
4

小田急1800形

昭和の小田急を支えた大量輸送時代の申し子

生方良雄

戎光祥出版

1800形のお別れ運転の様子　町田　(写真：川島常雄)

1800形
小田急の大量輸送時代を支えた名車

　1945（昭和20）年8月15日、終戦。壊滅的な被害を受けた国私鉄に対して運輸省（現・国土交通省）は、抜本的な対策を講じた。その一つが国鉄の戦時設計通勤型電車63形の私鉄割り当てだった。当時の大東急（東京急行電鉄）の小田原・江の島線に初めて20m車が登場した。多くの施設改良を行い、大量輸送の礎を築いた。

　その後、桜木町事故後の三段窓廃止、不燃化対策に始まり、各機器や設備の保安度向上が行われた。1957（昭和32）年には車体を更新したが、切妻構造とグローブ型ベンチレーターは残った。1979（昭和54）年から廃車が始まり、冷房化されることもなく静かに去っていった。

　小田急の車両史に特異な経歴を遺した1800形を、多くの写真とともに振り返ってみよう。

団体輸送臨時列車に使用されたこともある　大秦野　（写真：廣田兼一）

小田急引退後は秩父鉄道で活躍した　上長瀞　（写真：廣田兼一）

桜をバックに走行する1800形　1956年　玉川学園前　(写真：生方良雄)

東武東上線にも63形が投入された　池袋　(写真：生方良雄)

特急退避の様子(右が1800形) 1952年 成城学園前 (写真:赤石定次)

相鉄から借用した3000系(63形) 相模大野 (写真:生方良雄)

3段窓時代の1800形　1950年頃　片瀬江ノ島（写真：滝川精一）

黄色と青色だった頃の1800形　1968年　経堂～千歳船橋　（写真：生方良雄）

4000形と併結の試運転　1969年　大野工場脇　（写真：山岸庸次郎）

4000形（右）と併結営業　1969年　経堂〜千歳船橋　（写真：生方良雄）

7

1800形の8両編成　1975年　生田〜読売ランド前　（写真：川島常雄）

「準急」の本厚木行き　1975年　生田〜読売ランド前　（写真：川島常雄）

8

多摩線でも活躍した1800形　1981年　小田急多摩センター　（写真：山岸庸次郎）

秋の日差しを受けて走行する1800形　1979年　（写真：川島常雄）

町田小田急百貨店屋上から　1979年　町田〜相模大野　（写真：川島常雄）

多摩線での4両編成　1981年　栗平〜黒川　(写真:生方良雄)

開発前の多摩線栗平付近　1981年　(写真:生方良雄)

江ノ島線の下り勾配区間を行く1800形　善行〜藤沢本町　（写真：山岸庸次郎）

さようなら運転実施時には、特製のヘッドマークが取り付けられた

多摩線で1800形のさよなら運転が実施された　1981年　黒川〜小田急永山　（写真：生方良雄）

お別れ会で、乗務員に花束が贈呈された　1981年　新百合ヶ丘　（写真：生方良雄）

お別れ会の様子。花飾りと記念運板が見える　1981年　（写真：生方良雄）

秩父へと旅立つ日。重連電機にひかれて　1981年　（写真：生方良雄）

秩父鉄道では色を変えて　熊谷付近　（写真：生方良雄）

15

さようなら1800形 記念乗車券

text：編集部

1800形が引退した1981（昭和56）年には、引退を記念した記念乗車券を発売。表面には各時代の外観、裏面には車両の履歴や、図面などの資料が掲載され、小田急ファンからも好評だった。この時代、小田急電鉄からは、急行10両運転記念、在籍車両700両記念、町田駅ビル完成記念など、さまざまなテーマの記念乗車券が発売されていた。記念乗車券は、コレクターズアイテムとしての色彩が濃く、実際に使用されることはほとんどなかった。

戎光祥レイルウェイリブレット

4

小田急1800形

昭和の小田急を支えた大量輸送時代の申し子

生方良雄

戎光祥出版

小田急1800形

昭和の小田急を支えた大量輸送時代の申し子

目　　次

カラーグラフ
　1800形 小田急の大量輸送時代を支えた名車……………………　2

はじめに………………………………………………………………　20

　戦前の輸送需要の高まり………………………………………　21

　戦時体制下の輸送………………………………………………　22

　63形誕生と私鉄への入線……………………………………　23

　63形とはどんな電車…………………………………………　26

　混雑対策と省資源の設計………………………………………　29

　戦時中国鉄20m車両の入線検査……………………………　31

　63形小田原線に入る…………………………………………　32

　私鉄に入った63形……………………………………………　35

　名鉄から3編成購入……………………………………………　40

　63形購入、大東急の裏話……………………………………　41

　使用開始後の功罪………………………………………………　42

　車両の改修工事・安全対策……………………………………　44

　異形台車を履いた1802号……………………………………　47

　桜木町事故対策…………………………………………………　48

　車号変更…………………………………………………………　50

　1821号と1661号……………………………………………　51

　車体更新・不燃化対策…………………………………………　54

激化する通勤輸送‥‥‥‥‥‥‥‥‥‥‥‥‥‥‥‥‥‥ 55

体質改善工事‥‥‥‥‥‥‥‥‥‥‥‥‥‥‥‥‥‥‥‥ 58

4000 形との併結‥‥‥‥‥‥‥‥‥‥‥‥‥‥‥‥‥‥ 59

晩年の塗色と運用‥‥‥‥‥‥‥‥‥‥‥‥‥‥‥‥‥ 61

秩父鉄道で第二の人生を‥‥‥‥‥‥‥‥‥‥‥‥‥ 63

1800 形の保存活動‥‥‥‥‥‥‥‥‥‥‥‥‥‥‥‥ 63

資料編‥‥‥‥‥‥‥‥‥‥‥‥‥‥‥‥‥‥‥‥‥‥‥ 65

1800 形全車両の車歴表‥‥‥‥‥‥‥‥‥‥‥‥‥ 66

1800 形の諸元表‥‥‥‥‥‥‥‥‥‥‥‥‥‥‥‥ 68

小田急車両形式 一覧‥‥‥‥‥‥‥‥‥‥‥‥‥‥ 70

1800 形形式図‥‥‥‥‥‥‥‥‥‥‥‥‥‥‥‥‥ 72

コラム

鉄道軌道統制会‥‥‥‥‥‥‥‥‥‥‥‥‥‥‥‥‥‥ 25

定員算出のごまかし‥‥‥‥‥‥‥‥‥‥‥‥‥‥‥‥ 28

3 段窓の仕組‥‥‥‥‥‥‥‥‥‥‥‥‥‥‥‥‥‥‥ 30

TR25A か DT13 か ‥‥‥‥‥‥‥‥‥‥‥‥‥‥‥ 44

桜木町事故‥‥‥‥‥‥‥‥‥‥‥‥‥‥‥‥‥‥‥‥ 49

世田谷代田追突事故‥‥‥‥‥‥‥‥‥‥‥‥‥‥‥‥ 50

扇風機取り付けなど‥‥‥‥‥‥‥‥‥‥‥‥‥‥‥‥ 53

扉写真：トップナンバーの 1801 号。晩年は 2 編成を組み合わせて「各停」
に使用されることが多かった

はじめに

　小田急の1800形といえば国鉄63形の私鉄割当て車両で、切妻構造の特異なスタイルが深く記憶に刻まれている。戦時中の資材を切り詰めた設計で、お客様に乗って頂く車という考えは全く無く、如何に多くの乗客を運べるかという考えだった。

　戦後少しずつ改造が行われたが、1951（昭和26）年の桜木町火災事故（49ページ参照）で多数の死傷者を出し3段窓の改造、ドアＤコックの室内設置と乗客への表示、貫通扉による隣の車への避難などの改造が行われたことは、皆さんご存じの通りである。その後車体更新によりスタイルに変化はあったが、私の好みを持つスタイルではなかった。

　しかし、1800形は35年の長きに亘って活躍した。現在では通勤車はすべて4扉20m車となっている。小田急における70年の歴史を持つ4扉20m車の始まりである。ここで長い変化に富んだ一生を振り返ってみよう。

京浜東北線に投入された63形　1950年
（写真：生方良雄）

20

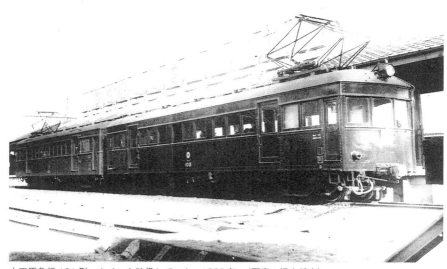

小田原急行101形。トイレも装備していた　1939年　（写真：橋本哲次）

戦前の輸送需要の高まり

　皆様ご存じのように、小田急は1927（昭和2）年4月に新宿～小田原間83kmを一気に開通させた。関東における高速鉄道第1号である。しかし、昭和初期の不況の影響を受け輸送人員は低迷を続けた。

　だが、1937（昭和12）年頃から活況を呈し、輸送人員は対前年10％を越える増加となった。これは相武台前に陸軍士官学校、相模大野に通信学校、江ノ島線の大和に海軍厚木飛行場などが設置され、また軍需工場が神奈川県中部に増加したことなどによる。

　このように相模野一帯に軍の施設や工場が急増し1942（昭和17）年には、一日平均輸送人員は13万人となり、その10年前の1932（昭和7）年の輸送人員4万5千人と比べると約3倍に増加した。その後も増加を続け1944（昭和19）年には18万6千人となった。1929（昭和4）年の江ノ島線開通当時に増備した車両を加えても76両では足りるわけがなく、1938（昭和13）年に木造の省線電車3両の払下げを受け、1942年に1600形10両の新造があったものの当然車両不足であった。

　しかし、戦時統制令により鉄道車両の新造は抑えられ1942年に1600形

10両の新造以後全く車両の新造は無かった。僅かに国鉄客車の改造名義でクハ600形（クハ1650形）3両の増備があったが、台車の手当てがつかないなどの理由で3両が揃うのは数年を要した。

戦時体制下の輸送

1942（昭和17）年に小田急は大東急となったが、委託経営中の相模鉄道厚木線の電化に伴う、車両の応援、1945（昭和20）年の井の頭線の空襲による被害救援のため車両転属と、苦しい状態が続いた。鉄道は手持ちの資材も使い果たし、特に電動車と言いながら自力で動けない車が増え続けた。ついに電気機関車で電車を牽引する列車も現れた。4ケモーターの車が2ケモーターしか使えない片肺電車も多く見られた。小田急の記録によると在籍車両93両中、朝のラッシュに出庫できたのは僅かに26両という日もあった。

戦争被害というと爆撃、銃撃によるものと考えがちであるが、実体は資材不足、補修能力不足による疲弊で、運用車両は壊滅的状況だった。今では簡単に手に入るガラスやベニヤ板ですら配給制で簡単に手に入らず、割れた窓ガラスにはベニヤ板で補修し昼間でも薄暗い車両が続出した。まして特殊なカーボンブラシや電線、絶縁ゴム等は殆ど入手できなかった。これにより満足に動ける車両は減少の一途を辿るばかりだった。

新宿駅で発車待ちの121形。昼間は単車運転だった　1940年ころ　（写真：橋本哲次）

東京・小田急沿線の主な空襲

年月日	死者数	通称	被害の大きかった地域
1942(昭和17)年 4月18日	39人	ドーリットル空襲	都心
1944(昭和19)年 11月24日	224人		
1945(昭和20)年 1月27日	539人	銀座空襲	都心
3月 4日	650人		
3月10日	8～10万人	東京大空襲	
4月 4日	710人		
4月13日	2,459人	城北大空襲	豊島・渋谷・向島・深川
4月15日	841人	城南京浜大空襲	大森・荏原
5月24日	762人		麹町・麻布・牛込・本郷
5月25日	3,651人	山の手大空襲	中野・四谷・牛込・麹町・赤坂・世田谷

制作：編集部

大東急 線別戦災車両一覧 （両）

品川・湘南	池上	目蒲・大井町	京王	厚木	小田原
17	2	4	12	3	0

出典：『東京急行50年史』

戦後の混乱がしばらく続いたが、1800形は小田急の戦後を支えた。写真は桜が満開の玉川学園前構内を走る1800形。入線から15年後の姿　1961年　（写真：川島常雄）

63形誕生と私鉄への入線

　運輸省（現・国土交通省）はこの状況に対して、私鉄の個々の仕様に対応することは、生産両数の低下を招くとして国鉄仕様のモハ63形の集中生産を行い、東武、東急、近鉄、名鉄、山陽の各社に配給、これら大手各社は本

3段窓時代だが、床下電纜棚はカバーされている。戸袋窓には保護棒がついており、混雑の激しさが窺える　1950年　(写真：滝川精一)

線に63形を投入、順次支線へと手持ち車両の転属を行い、最終的にローカル線の中小型車を他の私鉄に譲渡するよう勧告した。

　配給にあたっては鉄道軌道統制会が検討審査を行い前述の5社に決定した。63形は地方鉄道法による車両限界の幅2744mmを越えた2800mmであり、車長も20mを越えて、それまでの私鉄では19mを超える車を持っていたのは阪急京都線、近鉄大阪線、南大阪線、南海線などしかなかった。

　しかし、阪急、近鉄も20m車を導入しても、その線区から支線区へは限界の関係で転用できないなどの問題もあり、簡単にはいかなかった。例えば阪急京都線に標準軌用の63形を入れても、京都線の車は限界の関係で神戸線や京阪線に転属できず、また神戸線の車も宝塚線に転属できないなどの問題があった。

　結局東急は小田原線、近鉄は南海線、名鉄は東部本線（旧愛電）で使うことになり、また標準軌の線路でも台車変更で対応できることを示す意味もあ

り、多額の限界拡大工事を考慮して山陽電鉄も加わった。東急で1067mm
軌間、DC1500Vの線区は小田原・江ノ島線と井の頭線だけで、東横・目蒲・
池上線などはまだ600Vで、京浜・京王は軌間がちがい、小田原・江ノ島線
以外の線区は井の頭線も含めて建築限界・車両限界も小さく、入線できな
かった。

　なお過去の発表された記事で東急厚木線と書かれたものがあるが、相模鉄
道から経営委託（1945・6～1947・5）された神中線を厚木線と称したもの
で、1500V電化後（1944・9二俣川～海老名間、1946・12横浜～海老名間全線）
はほとんど小田原線所属車両の移動・貸与で、1800形も経堂工場で入線整
備を行った後、厚木線で使用したもので当初から相模鉄道所属としたもので
はない。相模鉄道が正式所有登録したのは、委託経営解除後に大東急より譲
渡された1947（昭和22）年6月1日である。

コラム　鉄道軌道統制会

　鉄道軌道統制会は1914（大正3）年に軽便鉄道協会として設立され
た。その後、私設鉄道協会を経て1920（大正9）年社団法人鉄道同志
会に改組され、1942（昭和17）年国家戦時統制体制となり、鉄道同志
会は解散し鉄道軌道統制会が発足した。戦後、統制会は解散し日本鉄
道会として発足し資材配給の代行など行っていたが、1947（昭和22）
年4月に連合軍総司令部の覚書により解散、事業者の親睦団体として
日本鉄道会議所が発足した。

　一方、激しいインフレの進行に対してストライキが活発となり、私
鉄各社の組合は日本私鉄労働組合連合会（私鉄総連）を発足させた。
これに対応して、1947年11月に私鉄経営者連盟が結成された。

　1948（昭和23）年7月に事業者団体法が制定され、1948年8月に日
本鉄道会議所と私鉄経営者連盟を統合した私鉄経営者協会が設立され
た。発足当時は労務問題の対処が主要な業務であったが、社会情勢の
変化に伴い、輸送力増強や安全対策が重要になり、これらに対処する
ために1967（昭和42）年6月に社団法人日本民営鉄道協会が発足し
現在に至っている。

3段窓時代の1800形。まだ雨樋もない　1952年　玉川学園前付近　（写真：川島常雄）

63形とはどんな電車

　それでは国鉄（と言うよりは運輸通信省の）省線電車63形電車とはどんな電車であったのだろうか。

　1944（昭和19）年、敗色濃くなった日本国内では、"ガソリンは血の一滴"と称され自動車輸送は壊滅状態にあり、海運は航路の安全が沿岸航路ですら確保できず軍の人員物資輸送がやっとと言う状態で、鉄道の重要性が認識されていたが、都市交通における電車の新造はなく、保守も部品不足と老朽化により稼働率は低下の一途を辿っていった。そこで運輸通信省は極端に資材を切り詰めた省線電車の設計を行った。当時の省線電車は私鉄買収区間を除き、東京と大阪の都市交通の主流であった。

　1944年5月にクハ79形（モハ63系列）が竣工した。全長20m、車体長19.5m、車体幅2.8mで片側4扉車である。外板は従来2.3mmだが1.6mmとし、（後に2.3mmに変更）組み立て後歪とりも行わないので、ベコベコの感じがした。混雑を想定して屋根上には従来のガーランド型ベンチレーターに替わ

1800形の室内。背摺りがつき、座布団も奥行きが長くなった頃の様子　1950年　（写真：滝川精一）

って大きなグローブ型ベンチレーターをモハでは6ケ配列した他、車体正面は切妻構造とし鎧戸型ベンチレーターを窓上に設置した。

　室内は屋根垂木がむき出しで、中央部のみ天井板を張り、裸電球を配置した。座席は奥行き寸法を縮め、背摺りはベニヤ板なので座り心地がどうのこうのと言うより座れれば良いという程度だった。これも後には戸閉装置のある戸袋窓とその隣の2窓分しかシートの無い車も出てきた。

　台車はTR25（DT12）、主電動機はMT30、制御器はCS5、パンタグラフはPS13であった。

運転台背面の様子。室内灯がついたのちの姿　1957年　（写真：山崎和栄）

> **コラム　定員算出のごまかし**
>
> 　小田急に入った車にも、一応扉間と貫通路近くには座席があった。座席の延長は24,500mmなので、座席定員62人の一人あたり寸法は395mmと40cmに満たなかった。現在一人あたり45cmでは窮屈なので46cmに広げようかと言っているのを考えると、ほんとに座れたのかと思う。一人当たり床面積0.3㎡以上という規定から客室全床面積を0.3で割って定員を算出し定員159人となったもので、座席定員は座席長さの合計を40cmで割って算出、62名とし、全定員から座席定員を差し引いたものを立席定員としたものである。
>
> 　実際には扉間3500mmには8人がやっとで、8人掛けでも一人あたり438mmである。現在なら7人しか座らないだろう。1人当たり395mmの計算で行くと8.86人座ることになる。端数切り捨てなら全座席定員は56名となる。また立席定員も座席面積を差し引いた残りの床面積を0.3で割ったものでなければおかしい。

運転室背面窓もなく、ベニア板張りだった　1957年　（写真：山崎和栄）

混雑対策と省資源の設計

袖板が四角形より三角形となったので座っている人は出やすくなったが、混んでくると立っている人が膝にかかるようになった。吊革は革は貴重品であり代用品となり、最初は吊り輪を持ったのもあったが、後には木の丸棒で下端が球状になったものがぶらさがっているだけになった。荷棚はカーテン廃止に伴う窓上端のカーテンきせが無くなったがほぼ同じ高さで、網でなく板張りとなった。これにより網棚の言葉は消えて荷棚となった。

運転室と客席との仕切りは三分の二が板張りで窓が無いので暗い感じだった。乗客、特に子供などからは前方が見えないので不評だった。また運転士の作業の密室化により、後年他形式で昼間でも背面カーテンを下す弊害が生じた。

前面仕切りの残り三分の一は仕切り棒があるだけで、車掌はここで室内状況を見ていた。電気配線は室内は幅70cmの天井板の裏側に束ねて配線され、床下は電線棚に同様に束ねて配線され、従来のパイプ内に納められるのと変わった。

パンタはPS13となり、台車は当初従来のTR25であった。ローラーベアリング採用により、軸受け付近の寸法を変えたTR25A、のちに記号変更によりDT13台車となった。これは賠償対策上ローラーベアリングの鉄道使用拡大を行う、産業保護の政策の一環であった。

戦争に勝つまでの間、数年もてばよいという思想で、1944（昭和19）年に資材を極度に切り詰めた設計で誕生したが、終戦までに新造されたのはクハ79形7両、モハ63形14両、サハ78形8両に過ぎず、戦後になって800両余りが新造さ

銀色に輝く国鉄のデュラルミン電車（30ページ参照）　（所蔵：生方良雄）

29

63形登場を伝える当時の新聞コピー（所蔵：生方良雄）

れている。

戦後、航空機用のデュラルミン（ジュラルミン）で外板を張った63形も試作されたが、鉄骨とデュラルミンの接合部分の腐食が早く、また、接触事故などにおける小修理もできないので、数年で鉄板に張り替えられたと聞い

コラム　3段窓の仕組

戦時体制に入ってだんだんと電車が混んできた。窓を開けて換気をするようにといっても座っている人は、首から肩に風があたる、髪が乱れるといって窓を開けたがらない。そこで窓の上の方を開ける3段窓が考えだされ、クハ65183、65188、65190で試験的に採用した。

窓柱に2本の溝を設け外側の溝に上窓と中窓を、内側の溝に下窓を納め、中窓は固定とし上窓、下窓は上昇式とした。当初は窓金具をつけだが正式仕様となってからは、金具は止めて窓枠に窪みをつけて手掛かりとした。桜木町事故のあとは中窓の固定を止めて内側溝に移し、下窓と共に上昇するようにしたが、やがて中窓下窓を一枚に変更した。

ている。

戦時中国鉄20m車両の入線検査

　前記のように鉄道軌道統制会により東急はMTc10編成20両の配給を受けたが、すべて小田原線配属とし入線検査等は経堂工場で行うこととした。小田原線は20m車は持っていなかったが国鉄20m車の走行試験は行われていた。東海道線が相模湾からの艦砲射撃により不通になった時の代替え路線として1944（昭和19）年5月6日にC58＋ナロフ21700、9月4日にC58に車形不明だがロネ3両＋ハネ1両で小田原線と江ノ島線全線走行が行われている。

　また日時不明だがEF10やモハ40＋クヤ16＋サハ25＋モハ50も入線試験を行い、機関車およびモハ40等は20m車なので、この時点で20m車の走行は可能となった。この時線路とホーム、橋梁等の構造物との離れなどチェックされ改修された。同年8月には新宿駅構内で中央下り緩行線と小田急下り線とを結ぶ連絡線工事も行い、中野電車区からの小田急入線が簡単に行える

国電借入車モハ60－クハ65　下北沢〜世田谷代田　（写真：生方良雄）

ようになった。

　実際の営業としては1945（昭和20）年5月24日鶴見川氾濫による東海道線不通の代替え輸送として中野電車区より4両編成が新宿〜藤沢間で使用された。8月22日終戦にともなう異常事態の発生を危惧して相模平野からの日本軍の撤収輸送のため2日間にわたり全線の営業を停止し軍隊輸送を行ったが、この時モハ30＋クハ55＋モハ31の3両編成2本を国鉄から借り入れ使用している。

　同年の9月には東上線、西武川越線、西武武蔵野線に各4両が国電から応援に入ったが、小田原線は13両と多数の応援が入り、中には特異なスタイルのクハ79012も入線した記録がある。63形車両走行の第一号である。

63形小田原線に入る

　1946（昭和21）年8月1日夜、小田原経由でクハ1851、1852が経堂工場に到着した。その大きいと感じさせる前面切妻形状に目をみはった。なお車体に車号の記載は無かった。続いて8月6日同じく小田原経由でモハ63050、

多摩川橋梁を渡る3段窓の1800形　1952年　（写真：川島常雄）

東林間付近の松林を行く　1955年　（写真：山岸庸次郎）

63052の2両が省ナンバーのまま入線した。

　1851、1852以外は全車省ナンバーが付けられており、一部は省の電車区に納入された後、私鉄に再度転送された車もある。整備士や運転士、車掌の教育訓練を行った後10月3日から1801と1802の編成が側面に大きくT.K.K.と書かれ、使用が開始された。なお、運輸通信省の新造認可は9月16日付けとなっている。

　その後11月に1803〜1808の編成が相次いで小田原経由で入線し、経堂工場で整備した後1801と1802の2編成は小田原線で使用し、1803〜1808の編成は東急が委託経営中の厚木線二俣川〜海老名間で使用したが、1946年12月26日の厚木線全線1500V化に伴い横浜にも顔を出すようになった。1947（昭和22）年6月の委託経営解除に際して1806〜1808の3編成を譲渡し、他は小田原線に復帰した。

　終戦後の混乱の時期であったので、間違えて国鉄電車区に納入されたり、車両の方向が逆で入線したものもあった。方向が逆で入線した63形は、経堂工場の転車台は17m車両用だったので新宿経由で国鉄電車区に回送し方向転換した。1947年1月に残りの2編成1809、1810が入線し、これは小田原線で3月から使用開始した。

3段窓時代の4両編成片瀬江ノ島行き「急行」

2段窓、雨樋付きに改装後の姿　(写真：生方良雄)

　これら63形は電動車は国鉄番号では偶数車、モーターのついていない実質制御車のモハ63形は奇数車だったので、小田原線に入って小田原方モハ＋クハ新宿方となった。従来小田急では新宿方へデハ、小田原方へクハという編成だったので、デッド・セクション通過に際して運転士が錯覚して操作しないように、特に重点教育を行った。なお小田原方をモハとしたのは、小田急の従来車両の制動用空気管は山側であったので、これに合わせるためである。国鉄では柴田式密連で空気管も同時連結だが、小田急に入って故障時

の他車との連結のため山側に連結ホースを設置した。

　1947年5月31日、相模鉄道との委託経営契約の解除に伴い東急からデハ1150形（後に小田急1100形）9両と1800形3編成6両を譲渡し、他の車は小田原線に引き上げることとなり、11月1日付けで正式譲渡された。東急としては譲渡した1806〜1808の編成が欠番となったが、1950（昭和25）年の改番までそのままであった。

　1948（昭和23）年6月小田急が大東急より分離独立した時、最初に取り上げたのは新宿〜小田原間ノンストップ特急の設定であった。使用車両は当初より1600形を考えていたが、比較のため8月13日にクハ1853＋デハ1805で試運転をした記録がある。何故異編成だったのか今となってはわからない。

私鉄に入った63形

　1946（昭和21）年から、運輸省から私鉄に63形を入れるという方針が決まったが、手続き上からはあくまでも、私鉄が車両新造許可申請をするという形で行われた。そして地方鉄道の車両限界を超える部分（車体幅は地方鉄道では2744mm、国有鉄道では2800mm等）については施設を改修して特

大東急時代の1800形。側面にはT.K.K.の表示がある　（写真：吉村光夫／かながわ史料保存会提供）

35

認申請を行うということで進められた。

　この結果、東武、東急、名鉄、近鉄、山陽の5社に各20両が割り当てられた。各社McTcの2両編成10本ということだが、Tcはクハ79でなくモハ63の非電装車だった。ただ近鉄は実際には分離後の南海で、全車Mcであった。さらに細かく言えば各社それぞれ国鉄と違う箇所もあった。各社共通して言

荒川橋梁上の東武6300形　1952年　（写真：生方良雄）

名古屋鉄道3700形　1946年　（写真：白井昭）

南海では中間車をはさみ３両編成とした　（写真：レイルロード）

えることは1951（昭和26）年４月24日の桜木町事故（49ページ参照）の後、脱出不能であった３段窓の改造や不燃化対策を行った。

　東武はデハ6300、クハ300であったが、1952（昭和27）年改造工事を行いモハ7300、クハ300とした。更に1959（昭和34）年から車体更新を行い、7820形と同じスタイルに生まれ変わった。また1949（昭和24）年には名鉄より７編成14両を購入した。当時の東武線のホーム高さは低く、車両は扉

私鉄に入線した国鉄63形				
鉄道会社名	形式名	両数	形式消滅	備考
東武鉄道	6300形	54両（名古屋鉄道から14両譲受）	1984（昭和59）年	車体載せ替えと同時に7300形に改称
東京急行電鉄 小田急電鉄	1800形	20両（名古屋鉄道から６両譲受）	1981（昭和56）年	自社割り当て分のうち６両は相模鉄道へ譲渡
相模鉄道	3000系	６両	1999（平成11）年	東急割り当て車。後）年VVVF車に改造
名古屋鉄道	3700形（初代）	20両	1949（昭和24）年	路線特性に合わず東武と小田急に譲渡
近畿日本鉄道（南海電気鉄道）	1501形	20両	1968（昭和43）年	入線当時は南海は近鉄の一部
山陽電気鉄道	700形	20両	1977（昭和52）年	63形唯一の標準軌入線形式

口にステップを持っていたが、63形はノーステップなので、乗り降りに際しての苦情が多く、これを機にに使用線区のホーム高上工事が行われた。

　東急はデハ1800、クハ1850とし小田原線に配属し、一部電化のなった委託経営中の厚木線にも使用した。相鉄の委託経営解除にあたり1947（昭和22）年に3編成6両を譲渡したことは前述の通りである。また1948（昭和23）年12月名鉄より3編成6両を購入した。1951年の改造にあたっては車体補強、内装変更など行った他に幌付広幅貫通路とした。

　名鉄は東部線（旧愛電）で使用したが、西部線（旧名岐）では限界が小さく東部線の車両は入線できなかった。1948年に西部線の改良が終り1500Vに昇圧し、新名古屋駅を通して岐阜〜豊橋間で直通運転を始めたが、63形は橋梁の負担荷重の関係から直通運行ができず、やむなく全車売却とし、前記のように東武と小田急に売却した。なお名鉄時代の形式はモ3700、ク2700であった。

　南海は1947年6月1日に近鉄より分離独立した。法制上は3月15日に高野山電鉄が南海電気鉄道に商号を変更し、近鉄より南海に（一部の路線を）譲渡した形をとっている。従って63形は近鉄が新車の認可をうけたが、車両は殆ど南海になってから入線している。他社がMcTc編成であるが、南海はMcMc編成である。このため中間に在来車を入れ3両編成で使用したのもある。この時代はまだ600Vだったので、制御器はCS5でなく、ALFとし、またMGは無かったので回路など相当に違っていた。1501形と称していたが、1973（昭和48）年の昇圧を待たずに1963（昭和38）年ころに全車廃車となった。

　山陽電鉄は他社同様McTcの10編成を受けたが、当時一部路面併用区間もあり、架線電圧も1947年10月21日に600Vから全線1500Vに昇圧する他、施設の全面的改修が行われた。当初800形として1947年4月から試運転で動き出した。その後輸送力が大きく混雑緩和に大活躍したが、昭和40年代に入り、阪神、阪急との相互直通の計画が浮かび上がると、18m車を基準とすることになり1968〜1969（昭和43〜44）年に全車廃車された。

　各社とも当時の資材難の時代に国鉄や他社との差を出そうと、天井板の全面張りや灯具の設置など色々試みられた。また1951年の桜木町事故（49ページ参照）に伴う3段窓の改良工事に合わせて車体補強や内装変更等の工事

標準軌の63形である山陽電気鉄道700形　(写真：レイルロード)

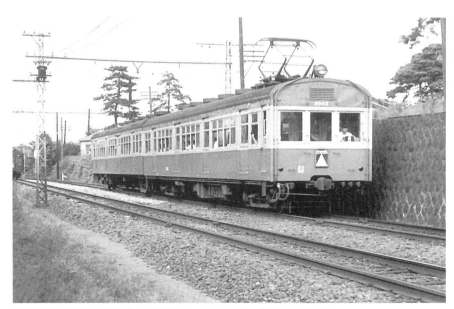

夏季輸送中に相鉄から借り入れた相鉄カラーの3000形　(写真：山崎和栄)

四十八瀬川沿い（渋沢〜新松田）を行く1800形の各駅停車　1953年　（写真：川島常雄）

も行われている。

名鉄から3編成購入

　1948（昭和23）年、名古屋鉄道では63形（名鉄モ3700形、ク2700形）を東部本線の豊橋〜栄生間で使用したが、栄生〜新岐阜間旧名岐線は軌道法によっていたので、限界もせまく枇杷島橋梁を始め各所で大型車の運行が不能であり、また小径間橋梁の負担荷重にも問題があったので、豊橋〜新岐阜間の直通運行ができず、加えて新名古屋駅が地下2線なので列車本数増加もままならず、運輸省地方鉄道規格型電車の新造を受け、63形の売却を決定した。この結果東武鉄道が7編成14両、小田急が3編成6両を購入した。

　1948年12月に小田原から入線し、12月27日に認可、28日と30日に使用を開始した。車号は1811〜1813、1861〜1863とした。なお名鉄に入った車はモハは奇数車、クハは偶数車であったので、モハは小田原方に揃えた。また当時の国電は東鉄と大鉄では仕様が違っていた部分があった。小田急では開通以来車両の山側に空制機器を、海側に制御機器を配置したいので、63形に入線にあたってこれに揃えたのでM車（偶数車）が小田原向き、Tc車（奇数車）が新宿向きとなった。名鉄に入った63形は大鉄仕様であったので床

40

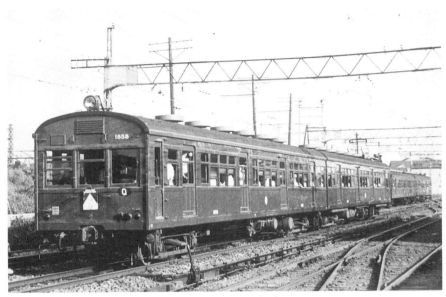

車体更新される前の整備された姿　1956年　（写真：生方良雄）

下機器の位置等も一部相違し、またM車は奇数車、Tc車は偶数車であった。これをM車を小田原方に揃えたので問題が起きたが、1957（昭和32）年の更新修繕まで部分対策により使用した。

63形購入、大東急の裏話

　終戦直後は1両でも車両が欲しい状況だった。そこへ63形割り当ての話が来た。大型車で収容力があるというので飛びついたが、戦時設計の粗悪な車とわかり考えたが、私鉄規格型車両の新造など申請しても受け付けてくれる状況ではなかった。

　「大東急では逆に50両申請し、小田原線の1150形を厚木線に、東横線を1500Vに昇圧して1200形〜1600形を転属、東横線の車を目蒲線大井町線池上線に転属しようと、一部の幹部は考えた。しかし運輸省としては各社20両の枠を逸脱できない、社内でも特に現場から全面転属には反対の声があがりこの構想は消えてしまった」という話を後日荻原二郎さんから伺った。

　東京鉄道同好会誌の中に「東急断片」という投稿欄があったが、その中で63形の台車交換の記事があったので要旨を転載する。

参宮橋で上下列車(いずれも1800形)が離合 1959年 (写真:山崎和栄)

「東急で購入した63形20両のうち、車体製作を急いだので戦災車のTR25台車を取り付けた車両が5両ある。日本車両東京支店製造のモハ63589と63591が小田原から入線、前にデユニ1001、後部にデハ1204を連結し本厚木まで輸送、63589を切り離し厚木線のデハ1163で星川工場へ輸送、63591はそのまま経堂工場に輸送、星川、経堂の工場で台車交換後、再び小田原に輸送し、その後沼津の小糸製作所へ艤装のため回送された。」

TR25台車を新品のTR25Aに履き替えさせるための回送の一例としてご紹介した。

使用開始後の功罪

大型車で収容力があるというので、輸送計画者は喜んだ。駅も1800形が来るとホームの乗客を一掃してくれると喜んだ。HB形(1200形など)2両編成で定員200〜230人が1800形2両編成では定員318名と約5割増加であるが、HB形では2両で4扉、1800形では8扉まさにHB形3両分の輸送力があった。

しかし1800形は4両編成ができなかった。ホーム有効長が在来車4両編成分の70mしかなかった。特に待避駅ではポイントを移設しなければホー

登戸発下り列車。木柱は南武連絡線のもの　1955年　（写真：川島常雄）

ム延伸はできなかった。そこで駅からは1800形3両編成化の要求が出たが、資材節約の応急対策設計の車の新造は首をかしげる問題であると同時に大型モーターの3両編成の増加は、容量一杯に使用している変電所の増設が必至となり見送られた。

　使用する運転士からは苦情が出た。特に従来のM型三動弁機構の空気制動に対し、A弁は保ち位置がなく、またちょっと制動把手の位置がずれると非常制動がかかり、特に停車制動中は衝撃が大きく乗客からも苦情が出た。また誤って非常制動がかかると運転士は止まらないうちに把手を緩解位置に移しても、衝撃停車、しばらく緩解しなかった。そのため三動弁制動に慣れていた運転士からの苦情は大きかった。

　またTR25系の台車は横ゆれが大きく、高速を出すと座席から放り出されるようだとの批判も出たばかりでなく、軸距も在来車の2134mmから2500mmと格段に長くなったので、保線から絶対に急行には使用しないでくれとの話も来た。このため長らく「各停」か「通勤準急」使用だった。また昭和20年代後半でも区間によっては変電所のき電能力が不足していたの

TR25A コロ軸受け台車　（写真：生方良雄）

> **コラム　TR25AかDT13か**
>
> 　1800形はすべてローラーベアリング軸受けの台車で、当時の国鉄は平軸受けのものをTR25、コロ軸受けのものをTR25Aとして区別した。よって1946（昭和21）年の入籍に際し提出した竣工届にはTR25Aと記載した。或る記事にDT13であって小田急の記載は誤りだととれる表現があったが、国鉄が電動車用台車をDTとして付随車用TRと区別したのは1949（昭和24）年10月20日付けの改正である。
>
> 　しかし、国鉄から購入後国鉄部内の規定改正に応じて小田急は称号変更する義務はないので、書類関係はTR25Aのままで誤りではなく、実体説明には国鉄ではDT13と称していると付言している。

で、上下列車同時発車は避けるよう指示があった。

車両の改修工事・安全対策

　検車からはいたるところでの改善要求が出て、資材の許す限り改造を行っ

新原町田（現・町田）発、小田原行きの「各停」 大根〜大秦野間 1955年 （写真：山岸庸次郎）

た。先ず電線棚に束ねて載せられていた電線を電線樋に納め接触打撃等から守った。電線および被覆も戦時中の低下したものだったので、逐次安全度の高い新品に交換した。次にむき出しの室内天井灯は一時潜水艦内で使用した防護グローブをつけ、電球破損による乗客被害を防止した車もあったが、逐次1600形と同じタイプの新品グローブを取り付けて、乗客が持ち込んだ長い棒や釣り竿等で破損するのを防いだ。

　パンタグラフはPS13であるが、国鉄は平型カーボンを使用していたが。小田急はすべて三菱型の三角カーボンを使用し長さも国鉄の700mmに対して800mmと長かったので、舟部分の枠組みを改造し800mm三角型カーボンとした。また床は木材の厚みが不足していたり、乾燥不充分のため収縮し床下に水漏れがする車もあり補修し二重張りとした。どういうわけか63形は車体と台車をつなぐ心皿だけで中心ピンがなかったので、脱線等不測の事態を考慮して、中心ピンを通した。

　運転台は今から考えると驚くほど簡素なもので、右手に制動弁、左手に制御器（マスコン）、その間に空気圧力計があるのみだった。もちろん速度計など無かった。

しかし、空気管の込め不足による制動力不足事故防止のため、補助空気溜と制動筒圧力計を増設した。63形は元来柴田式密連を装着するので、空気管は連結器の上部と下部にあり、電気連結器（ジャンパー）は両側に設置されている。小田急には自連で入線したもの、密連で入線したものとまちまちだったが、他車と故障連結を考慮して編成両端は全部自連に統一された。そのため空気管と連結ホースを山側端部に新設する工事を行った。なおジャンパーの位置変更は行わなかったので、写真に見る通り窮屈な配置となっている。おそらく甲種車両輸送の際に設置した空気管をそのまま使用したのかも知れない。後尾灯は当初1灯だったが追突事故防止の観点から、いわゆるマッカーサー指令により両側2灯とした。

　また、当初は雨樋が無く、扉上に「への字」状の水よけがあるのみだった。駅のホームも小駅では小さな待合室の小屋があるのみで、屋根は無かった。雨天時には乗降客が濡れるとの苦情があり、また屋根上の砂ほこりが雨が降ると流れ落ちて窓ガラスに附着して清掃に追われるとの苦情もあり、雨樋を設置したが屋根と側板との接合が悪く水もれが生じたとの苦情が検車区から出る車もあった。恐らく屋根と側板との剛性の相違から振動による接着不良が原因だったと思う。

　座席は数回にわたり改造して乗り心地、座り心地の改善を図った。最初は布団の後に角材を入れ、奥行きを増やした。次に背摺りにふとんがなかったので新設した。最後には布団の厚みと奥行きを増や

簡潔だった運転台。圧力計の上は扉開閉装置知らせ灯と照明　（写真：生方良雄）

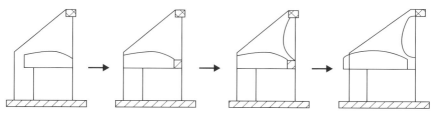

1800形の座席の変遷（概念図）。左から古い順に記載している。座面と背もたれの面積は年々改善されていったことが理解できる　図面制作：生方良雄

クイル台車を履いた1802号　1952年　（写真：生方良雄）

した。これまでが車体更新までにとられた改造である。

異形台車を履いた1802号

　1800形はTR25A台車であることは再三述べてきたが、唯一1802号は異形台車を履いた時期があった。戦後新しいタイプの台車の試験を行ったが、主電動機から車輪への駆動装置にクイル式というのがあり、その台車を日立

クイル台車　KH-1　1952年　（写真：生方良雄）

1800形が車体更新された後、晩年の台車　1981年　（写真：箕川公文）

が造り持ち込まれた。その後1500形にも履かせたがどのような理由からか、1802号が1952（昭和27）年4月に台車変換した。その時の貴重な写真を紹介する。

桜木町事故対策

　1951（昭和26）年4月24日の桜木町事故で63形の3段窓の中段が上昇も

下降もできないため、窓からの脱出ができず多数の死傷者が出た。三段窓の改造が取り上げられたが、それ以前にも今まで述べてきたように多くの改善工事が行われてきた。桜木町事故対策の機に全面的に車体の見直しが行われ、車体の補強や難燃対策が国鉄の対策と同様に行なわれると同時に、小田急では1900形で採用された幅1100mmの広幅貫通路も1800形で採用することになり、車体補強の上常時幌連結の開放形通路となった。

　なお、このとき初めて従来両車体の幌を合わせて連結する方式から、現在のような1枚幌方式を採用、6月ころから改造工事が行われた。またパンタグラフの2重絶縁、Dコックの室内設置も桜木町事故対策で行われた。

コラム　桜木町事故

　1951（昭和26）年4月24日13時40分、赤羽発桜木町行き1271電車が桜木町に差し掛かった際、上り線の碍子交換作業中何らかの理由で架線が断線し、1271電車のパンタグラフに絡まりショートして火災が発生した。当時は高速度遮断機は開発中だったので変電所の遮断も現在より長かった。先頭車モハ63756は全焼、2両目のサハ78144にも延焼した。死亡106名、負傷92名の大事故となった。

　死亡者が多かった原因としてはドアエンジンの開扉回路が火災のため動作しなかったこと、エアーを抜いて手動で扉を開けるDコックが数少なく表示もないので乗客にもわかりにくかったこと、窓から脱出しようとしたが、3段窓のため脱出できなかったことが挙げられる。

　国鉄では急遽対策を実行した。Dコックの増設と表示、貫通路の開き戸の引き戸改造、天井板に防火塗料を塗る、警報装置の新設、ブザー回路を停電時でも使用できるように24V化などを行い、引き続いて全車両にこれらの他パンタの2重絶縁化、3段窓の2段化—当面は中段窓の上昇改造、天井板は最初は鋼板化、後に全車アルミ化、断流機の増強、電線の全パイプ化、貫通幌の新設、屋根上通風器の絶縁化、鋼板屋根の全面絶縁布張り等を実施した。私鉄各社もこれにならい改造を行った。

車号変更

　1950（昭和25）年11月26日付けで小田急は大東急時代形式の変更を行った。大東急では原則的に製造年の順に50番飛びで形式が付けられていたが、新たに電動車は100番ごととし、制御・付随車はこれに50番を加える形とした。1800、1850形の形式変更は無かったが、1100形とともに相鉄に譲渡した空番を埋める改番を行った。

　1947（昭和22）年に東急と相鉄との委託経営解除に伴い3編成が相鉄に譲渡されたことは前述の通りであるが、相鉄は1951（昭和26）年11月18日に1806~1808、1856~1858を3001~3003、3501~3503に改番した（巻末の資料編参照）。

コラム　世田谷代田追突事故

　1952（昭和27）年8月22日、あってはならない追突事故が、朝のラッシュ時の世田谷代田～下北沢間で発生した。

　8時25分に世田谷代田に到着した上り各停626列車1857+1807の2両編成は、客の乗降が終わっても出発相当の閉塞信号機は停止現示のままであった。規程により1分停止後、時速15km以下で進行を開始した。

　次の駅下北沢は井の頭線との乗り換え駅で乗降が多く、且つホームが狭隘のためしばしば発車が遅延して後続列車を場内相当閉塞信号機の外方に待たせることがあった。626列車は15km以下の速度で進行したものの、半径800mの曲線で下り25‰であったため、若干速度が上がったところで前方に停止列車を発見、非常制動をかけたが間に合わず追突した。

　通常なら下北沢駅外方に機外待ち列車がいるのが、この日はさらにその外方4号踏切通称鎌倉街道踏切付近に先行208列車1859+1809が停車していた。これにより1857と1809が前面を大破した。後に原姿復旧した。

関西国電モハ42系スタイルの1821号　（写真：生方良雄）

1821号と1661号

　1821号はファンの間で人気の高かった関西国電モハ42形の4扉改造車で、在姿復旧車として昔の面影があった。戦災車でなく1945（昭和20）年6月8日漏電事故により神埼駅付近で全焼し、1947（昭和22）年10月22日付けで廃車になったモハ42005であるとされている。本体は42004だったという説もあるが、当時は戦後の混乱期で現車と書類名義上の車が相違することも多々あった。また、吉川文夫編著の『小田急車両と駅の60年』には書類上クハ85023とあるが現車はモハ42005とも記載されている。小田急の竣工図表には原車はモハ42005と記載されている。1952（昭和27）年9月20日に

モハ60系スタイルの3扉の1661改1871　（写真：山崎和栄）

　日本車両東京支店で復旧、納入された。1871号と組んで9月25日から使用開始された。4扉であるが元は2扉であったのを4扉にしたので、扉間隔は1800形と相違していた。

　また、定員も座席46名、立席109名、計155名であった。この車の竣工に伴い相棒として、1600形のクハであったクハ1661（1950年2月1日使用開始）の装備を改造して使用することになり、同じく日車で改造、1821と同日入線しクハ1871となった。この車も元国鉄のモハ60050で事故廃車となり1949（昭和24）年3月28日付けで小田急に払下げられていた。ご存じのように3扉車で1600形とMTM編成を組んで使用された。定員は座席64名、立席96名、計158名なので、この当時はまだ1800形方式の定員査定基準であったようだ。1821号の入線に伴い改造されたが、大きな変化は無かった。

　当初復旧した時後部貫通路は1100mmの広幅としたが、1600形は改造しなかったので、締め殺し状態であったが、1821と連結を組むことになり広幅貫通路も活かせた。

1821号の車内。袖板は1900形と同じスタイル　（写真：生方良雄）

コラム　扇風機取り付けなど

　1955（昭和30）年の車体更新の際扇風機回路は準備されたが設置は遅れた。MG（電動発電機）の容量の問題もあり、また、車両用特に通勤時の能力にあう扇風機はまだ開発中だった。また1両に何個つけたら良いのかも判らなかった。

　そこで、1955年8月17日に1807X2に取り付けて走行試験を行った。しかし、結果は思う様でなく、実際に1800形全車に取り付けられたのは1961（昭和36）年7月からでABF車と一緒だった。展望車や1等車ならいざしらず通勤用電車となると家庭用扇風機を持って来て取り付けることは、電流容量や大きさ、風向、回転速度、風量など問題が多くメーカーの開発を待つしかなかった。

　一方では冷房の話も始まってきた。今から考えると何故そんなに時日をまたなければと思うだろうが、当時の状況はこの様であった。なお、翌1962（昭和37）年3月には車内放送装置と乗務員間車内電話の設置も行われた。

車体更新・不燃化対策

　1957（昭和32）年から車体更新が始まった。他社では荷重オーバーのため台枠に中弛みが出たとの話もあったので、台枠は補強して使用した他は、構体は新造した。20m4扉には変わりはないが、ノーシル・ノーヘッダーとなり、編成前面の妻面は切妻に変わりはないが貫通扉がついた。

　前照灯は正面中央貫通扉上に1灯が埋め込まれ、両肩に尾灯が埋め込まれた。行く先方向板はまだフックにかける方式だった。連結用電纜は海側に母線用と制御用2本が、山側に空気管2本の標準形配列となった。編成中間は広幅貫通路であるが、加速・減速時に流れる風を嫌って、両開き扉を設けた。

　屋根上のグローブ形ベンチレーター、PS13形パンタグラフに変わりは無かったが、雨樋は側板の上部に隠れるような形で設置され、縦樋は側板の内部に収納された。内装は壁面、天井などもデコラ張りとし不燃化を図った。照明は蛍光灯とし、座席も奥行きをとり座り心地の改善を図った。なおこの時扇風機回路は準備されたが扇風機設置は後日となった。

　制御回路には弱め界磁が付加され9ノッチから12ノッチとなった。また

更新されノーシル・ノーヘッダーとなった　（写真：滝川精一）

電動発電機、空気圧縮機などはデハからクハに移され、重量配分と作業性の向上が図られた。編成前後端の柴田式自動連結器は日鋼式自動密着連結器となった。なおこの時に車体の異なる1821-1871の編成も車体更新され11編成同じスタイルとなり、形式は1800、1850形に、車号は1811、1861となった。1800形は全編成小田原方がデハであったが、更新を機に他形式同様新宿方デハ、小田原方クハとした。

1800形による「各停」相模大野行き（更新後）（写真：生方良雄）

激化する通勤輸送

戦後戦災にあった住居不足と東京居住人口増加に対応するため、政府は住宅公団を設立、いわゆる団地の建設が始まり、呼応して都、県でも住宅供給公社などにより大幅な住宅建設を行った。山手線外に用地を求め小田急線でも経堂から多摩川までの間で団地造成が始まり、人口急増、通勤客の急増現象が始まった。やがて多摩川までの地域では用地の不足、高騰が始まり、遠く町田市、相模原市に大型団地の建設が行われ、やがては多摩ニュータウンの建設へとつながって行く。

1800形新旧塗装の4両編成　（写真：生方良雄）

　このため小田急線は新宿から30km以上離れた地点からの通勤客が増加し、従来ならラッシュ時に2回転できた「各停」車両も、遠距離から来る「急行」で1回転使用となり、車両増備は急テンポで行われた。ホーム有効長の関係から17m車両の4両編成で賄っていた列車も6両とせざるを得なくなり、用地買収、停車場のポイントの移設、踏切の統合廃止や人道跨線橋新設等の多額の出費と交渉の時間を要するようになり、後追い補強の形となった。

　1980（昭和55）年には1945（昭和20）年の輸送人員の8倍以上となっている。単純にいえば2両編成で輸送していたのを16両編成にしなければならないが、これを車両の大型化、編成両数の増加、運転本数の増加等で対応してきた。特に1955（昭和30）年代の増加は古今未曾有であり、今後も絶対に無いであろう伸び率の数字である。昭和30年の輸送人員を100とすると1975（昭和50）年の指数は小田原線434であるのに対し東横線257、京急線206、京王線331と近隣他社線に比べても伸び率は高かった。

　1800形の4両編成化が行われたのが1962（昭和37）年12月3日のダイヤ改正からなのは、1800形は「急行」には使用しないで「各停」運用が主であ

「快速準急」新宿行き。2編成とも黄色と青色となっている　（写真：山岸庸次郎）

秋の大秦野付近を行く1800形「各停」
（写真：川島常雄）

ったこと、従って6両化は「急行」が先であり、「各停」は市街地密集された近郊区間の17m車6両対応が済まないと20m車4両編成もできなかった。また近郊区間のラッシュピークには2200形系列、2400形の高性能車を集中投入したので、1800形は町田以西の「各停」に多く使用されるようになっていた。

体質改善工事

　1967（昭和42）年から体質改善工事が始まった。10年前の更新では台車は基本的にはそのままであったが、今回は枕バネを板バネからコイルバネに変更し、オイルダンパーを取り付けた。また従来はブレーキシリンダーは車体中央に吊るして、前後の台車へ制動引棒で制動力を伝えているのが標準的構造であったが、制動引棒の折損等の場合ノーブレーキになる恐れがあったので、ブレーキシリンダーを台車装荷に変更した。

　また、制動方式も2200形以降の新車で採用されているHSCブレーキに変更した。これらの改善により保安度は向上し、乗り心地や乗務員の扱いも改善された。この他外見上からも前照灯は中央2灯となり、列車種別表示窓が新設、行く先表示は幕式行燈が貫通扉に設置された。また、編成両端の自連は柴田式密着連結器となり、空気管ホース連結は無くなった。さらに、全線

和泉多摩川を発車する1800形。前照灯が2灯となっている　（写真：川島常雄）

一般通勤車は白に青帯となった（右は2200形） 1980年 （写真：廣田兼一）

ATS設置に伴い、この工事でOM-ATSも設置された。このほか、信号炎管も屋根上に設置された。

その後、行く先方向表示が幕式から電照式に変更するのに伴い、貫通扉ごと交換した。この結果幕式での出っ張りは無くなり平な表面となった。また貫通扉窓の上縁もやや上がり縦長の感じが強くなった。なお4両編成の両端のみの改造だった。

1970（昭和45）年には従来のCS-5型制御装置を東洋電機の油圧カム軸式APFに交換し、なめらかな進段加速に改善された。同年12月には1800形1803と1852の間に電気連結器を設備し、試験使用が行われ、翌45年には1800形と2200系列で電気連結器の使用を開始した。また、パンタグラフも順次PS13から東洋電機のPT42系に変更された。

4000形との併結

前述のように昭和30年代の沿線人口の増加は想像を絶するものであり、会社は対応に苦慮した。1961（昭和36）年には近郊各停の6両化を行ったが焼け石に水であった。1964（昭和39）年にHE車の思想を引き継いだ大型通

勤車NHE2600形が登場し効力を発揮した。

　一方開通当時の車HB車は16m2扉低性能のため逐次廃車の方針は出ていたが、本来なら廃車にして新造車を増備すべきであるが、新宿駅第一次改良を始め全線各駅での配線変更、ホーム延伸等出費も多く、費用を切り詰めざるを得なかった。そこで車体、台車を新造しHB形のモーターを採用した大型通勤車4000形3両編成が登場した。

　1969（昭和44）年11月から「急行」・「準急」の8両編成運転を始めることになった。これに4000形2本の6両編成に1800形2両編成を連結することになり、順調に輸送をしていたが、1973（昭和48）年4月19日と5月2日に続いて急行列車が低速乗り上がり脱線を起こしたので急遽併結を中止した。この結果1800形は再び形式内での連結となり、1800形のみの8両編成も現れた。

　1974（昭和49）年1800形は平妻で連結面間隔も狭いので、他形式にさきがけて運転台操作による自動解結装置を設置した。なおここに至るまでの間も、新造当時の15芯ジャンパー2本を、栓と栓受けを一つにまとめた35芯にしたり、車体連結器下の装備も54芯だったり、種々の試験を行っている。

1800形と4000形の併結　1969年　（写真：生方良雄）

晩年の塗色と運用

　車体の色は1957（昭和32）年の車体新造後もいわゆる栗色塗装であったが、昭和30年代中期ごろから通勤車のABF車もかっての特急カラー黄と青に塗り分けられ、1800形も黄と青になった。1969（昭和44）年5000形が白に青

生田付近を行く1800形の8両編成　（写真：川島常雄）

「さようなら」の運板をかけた1800形。江ノ島線も走った1981年（写真：廣田兼一）

さようなら運板を取り付けた1800形。最後まで冷房化されなかった 1981年 (写真:川島常雄)

帯で登場するに及び、通勤車は全部この色に統一することになり、1800形も順次塗り替えられた。

1800形は20m大型車であるが、吊り掛け駆動の低性能車であったので、漸次輸送の主流から外れ2または4両編成で町田〜江ノ島、新松田〜小田原の各停に使用されるようになり、1974 (昭和49) 年の多摩線開業後はしばらくABF車が運用されていたが、1981 (昭和56) 年3月29日に初めて1800形が入線したと鉄道友の会東京支部報に記されている。

1979 (昭和54) 年から1800形の廃車が始まり、1981 (昭和56) 年7月には「さよなら1800形のヘッドマークを取り付け運転され12日に全車廃車となった。前日に社内でお別れ会があり、翌12日に新百合ヶ丘で鉄道友の会東京支部による花束贈呈が行われた。

1971 (昭和46) 年に新造された5000形で始まった通勤車冷房化により、このころには相当数が冷房化さていれたが、1800形は最後まで冷房化されることはなく一生を終った。

秩父鉄道で第二の人生を送った1800形　1988年　(写真：廣田兼一)

秩父鉄道で第二の人生を

　11編成22両が揃って秩父鉄道に譲渡された。秩父鉄道では小田急の車番1800から1000を取り800形850形とした。当初1811と1861を部品補充用と考えていたが、1806と1856を部品補充用とし、806と856の車号は1811と1861が受け継いだ。あまり大きな改造はなく、熊谷工場で整備の上使用を開始した。寒冷期対策としてクハの編成間貫通路に両開き扉を増設した他、空気管凍結対策などを行った。1806と1856は1981（昭和56）年9月に解体されたという。

　1985（昭和60）年に外部塗色を黄色にマルーンの帯に変更したが、翌年には国鉄から101系の譲渡入線が始まり1000形として使用開始された。1990（平成2）年3月をもって置き換えが完了し、800形は姿を消した。

1800形の保存活動

　秩父鉄道で廃車になった後、工場詰所や公園などにあったのを含めて5両ほど解体を免れていたとの情報もあったが、その後解体され現在は1801（801）の1両のみが、存在するという。なお1851（851）は埼玉県某所にて運転室

※写真提供：デハ1801保存会（4点とも）

週末を中心に活動するデハ1801保存会。筆者も現地を訪れ、会の活動を見守っている

修復作業初期は、雨漏りとの戦いが続いた

改修前の車内の様子。各部の傷みが激しかったが、会員の熱心な活動で修復が進んでいる

作業の円滑な進行のために、スタッフたちによる車両周辺の草取りも随時行われている

寄り半分ほどの長さで台車なしで置かれているが、別途目的で使用されているのでこれ以上の言及は控える。1801は個人の方が私有地内で所有されているが、敷地所有者のご好意のもと「デハ1801保存会」のメンバーが地道に復元保存を行っている。今のところ公開する予定はないというが、保存会は「できれば将来は関係者のご了承のもとで、小田急ファンに見に来て戴きたいと考えております」とのこと。現在は修復作業中であり、お見せ出来る状況ではなく、所有されている方も本業でお忙しく応対できる状況にはない。従って場所等は記載しない。また遠くからご覧頂く分には差支えないが、敷地内立ち入りや撮影は法律に触れる恐れがあるのでご注意いただきたい。

　過去の歴史の遺産として現役時代の姿にして保存しようと、有志の方々がボランティアで労力をふるい、部品なども昔のものを探し出して旧に復するために活動している。鉄道ファンの一員として、そのエネルギーには敬意を表し完成を心待ちしている。読者の方も何らかの形でこの活動を応援していただける機会があれば、著者としてもお願いしたい。

資料編

4000形と混結編成　1970年1月　（写真提供：川島常雄）

　終戦直後からバブル前夜まで、35年にわたって活躍をつづけた1800形は、車両技術、保安技術の進展にともない、各種の改造が施されている。特に1957（昭和32）年に行われた体質改善工事では、新製の車体に換装され事実上別の車両に生まれ変わっている。本書では、全車両の車歴表、1800形の諸元表、登場から体質改善工事までの各編成の形式図を収録。ユニークな経歴を有する本形式の特徴を余すところなくご紹介する。なお、形式図は制作年次の古さから、本書を制作した2018（平成30）年5月時点では、いずれも線や数字が不鮮明な状態となっていた。そのため、原図に忠実にトレースして掲載することとした。

1800 形全車両の車歴表

省車号	入線時車号	入線年月日	使用開始	返却年月日	譲渡年月日	1950 年の改番	秩父鉄道の車号
63050	1801	1945/8/6	1945/10/3	—	—	1801	801
63052	1802	1945/8/6	1945/10/12	—	—	1802	802
63064	1803	1945/11/14	厚木線貸与	1947/7/1	—	1803	803
63098	1804	1945/11/19	厚木線貸与	1947/9/9	—	1804	804
63088	1805	1945/11/19	厚木線貸与	1947/7/28	—	1805	805
63208	1806	1945/11/21	厚木線貸与	—	1947/6/1	—	—
63196	1807	1945/11	厚木線貸与	—	1947/6/1	—	—
63100	1808	1945/11	厚木線貸与	—	1947/6/1	—	—
63250	1809	1947/1/24	1947/3/14	—	—	1806	—
63252	1810	1947/1/20	1947/3/28	—	—	1807	807
63129 ※1	1811	1948/12/8	1948/12/25	—	—	1808	808
63181 ※2	1812	1948/12/14	1948/12/30	—	—	1809	809
63133 ※3	1813		1948/12/30	—	—	1810	810

省車号	入線時車号	入線年月日	使用開始	返却年月日	譲渡年月日	1950 年の改番	秩父鉄道の車号
省車号なし	1851	1945/8/1	1945/10/3	―	―	1851	851
省車号なし	1852	1945/8/1	1945/10/12	―	―	1852	852
63317	1853		厚木線貸与	1947/7/1	―	1853	853
63319	1854	1945/10/31	厚木線貸与	1947/9/9	―	1854	854
63305	1855	1945/11/14	厚木線貸与	1947/7/28	―	1855	855
63311	1856		厚木線貸与	―	1947/6/1	―	―
63321	1857		厚木線貸与	―	1947/6/1	―	―
63323	1858		厚木線貸与	―	1947/6/1	―	―
63191	1859	1947/2/2	1947/3/14	―	―	1856	―
63193	1860	1947/2/2	1947/3/28	―	―	1857	857
63272	1861 ※4	1948/12/8	1948/12/25	―	―	1858	858
63274	1862 ※5	1948/12/14	1948/12/30	―	―	1859	859
63276	1863 ※6		1948/12/30	―	―	1860	860
	1661		1950/2/1	―	―	―	―
42005	1821		1952/9/25	―	―	1811	806
60050	1871		1952/9/25	―	―	1861	856

使用開始欄の厚木線貸与は全て 1946/12/26

※1　名古屋鉄道時代の車号はモ 3704
※2　名古屋鉄道時代の車号はモ 3705
※3　名古屋鉄道時代の車号はモ 3706
※4　名古屋鉄道時代の車号はク 2704
※5　名古屋鉄道時代の車号はク 2705
※6　名古屋鉄道時代の車号はク 2706

1800 形の諸元表

	デハ 1800	クハ 1850	デハ 1821	クハ 1871	デハ 1800 （更新後）	クハ 1850 （更新後）
全長	20,000	20,000	20,020	20,005	20,000	20,000
車体長	19,500	19,500	19,200	19,350	19,500	19,500
全幅	2,930	2,930	2,860	2,900	2,900	2,900
車体幅	2,800	2,800	2,800	2,800	2,800	2,800
全高	4,200	4,000	4,200	3,830	4,020	3,825
屋根高	3,700	3,700	3,750	3,750	3,560	3,560
中心距	13,600	13,600	13,600	13,600	13,600	13,600
軸距	2,500	2,500	2,500	2,500	2,500	2,500
車輪径	910	910	910	910	910	910
定員	159	159	155		158	158
座席	62	62	46		62	62
立席	97	97	109		96	96
連結器前	柴田式自連	柴田式自連	柴田式自連	柴田式自連	小型密自連	小型密自連
連結器後	柴田式自連	柴田式自連	柴田式自連	柴田式自連	小型密自連	小型密自連
連結器高	880	880	880	880	880	880
台車形式	TR25A	TR25A	TR25A	TR25	TR25A	TR25A
青銅方式	AMA	ATA	AMA	ATA	AMA	ATA
制御器形式	CS5		CS5		APF	
主電動機形式	MT30		MT30		MT30	
出力	128kw		128kw		128kw	
歯車比	66:23=2.87		66:23=2.87		66:23=2.87	
集電装置形式	PT13 改		PT13 改		PT42 系	
戸締装置形式	TK4	TK4	TK4	TK4	TK4	TK4

新宿〜本厚木間の時刻表　1960（昭和35）年10月時点（平日）

種別		各停	急行	各停	準急	各停	各停	各停	特急	各停	急行	各停	各停	準急
行先		成城	箱根	遊園	江ノ島	相武	遊園	成城	箱根	遊園	箱根	成城	経堂	江ノ島
車両形式		2400	2200	2220	**1800**	1900	HB	HB	3000	1600	2200	HB	**1800**	**1800**
		4両	4両	4両	2両	4両	3両	3両	8両	4両	4両	3両	2両	2両
新宿	発	1101	1105	1106	1113	1115	1120	1125	1130	1131	1135	1136	1141	1148
南新宿	〃	1102	↓	1108	↓	1116	1121	1126	↓	1132	↓	1137	1142	↓
参宮橋	〃	1104	↓	1109	↓	1119	1124	1128	↓	1134	↓	1140	1145	↓
代々木八幡	〃	1106	↓	1111	↓	1121	1126	1130	↓	1136	↓	1142	1147	↓
代々木上原	〃	1107	↓	1113	↓	1123	1128	1132	↓	1138	↓	1144	1149	↓
東北沢	着	1109	↓	1115	↓	1124	1129	1133	↓	1139	↓	1145	1150	↓
東北沢	発	1111	↓	1115	↓	1124	1129	1136	↓	1141	↓	1145	1150	↓
下北沢	〃	1112	1111	1116	1119	1125	1130	1137	⊓	1142	1141	1146	1151	1155
世田谷代田	〃	1114	↓	1118	↓	1127	1132	1139	仙	1144	↓	1148	1153	↓
梅ケ丘	〃	1115	↓	1119	↓	1128	1133	1140	石	1145	↓	1149	1154	↓
豪徳寺	〃	1117	↓	1121	↓	1130	1135	1142	⊔	1147	↓	1151	1156	↓
経堂	着	1119	↓	1123	1124	1132	1137	1144	↓	1149	↓	1153	1158	1159
経堂	発	1119	↓	1125	1124	1133	1140	1146	↓	1149	↓	1153		1159
千歳船橋	〃	1121	↓	1127		1135	1142	1148	↓	1151	↓	1155		↓
祖師ケ谷大蔵	〃	1123	↓	1129		1137	1144	1150	↓	1153	↓	1157		↓
成城学園前	着	1125	↓	1131	1128	1139	1146	1152	↓	1155	↓	1159		1203
成城学園前	発		↓	1131	1128	1142	1148		↓	1155	↓			1203
喜多見	〃		↓	1133	1130	1143	1150		↓	1157	↓			1205
狛江	〃		↓	1135	1132	1145	1152		↓	1159	↓			1207
和泉多摩川	〃		↓	1136	1133	1147	1153		↓	1200	↓			1208
登戸	〃		↓	1138	1135	1148	1155		↓	1202	↓			1210
向ケ丘遊園	着		1122	1139	1136	1150	1156		↓	1204	1152			1211
向ケ丘遊園	発		1122		1136	1155			↓		1152			1211
東生田	〃		↓		1139	1157			↓		↓			1214
西生田	〃		↓		1142	1200			↓		↓			1216
百合ケ丘	〃		↓		1144	1202			↓		↓			1219
柿生	着		↓	各停	1148	1206			↓		↓	各停		1223
柿生	発		↓	小田原	1152	1206			↓		↓	小田原		1223
鶴川	〃		↓	2100	1154	1208			↓		↓	HB		1225
玉川学園前	〃		↓	2両	1159	1212			↓		↓	2両		1229
新原町田	着		1136		1202	1216			↓		1206			1233
新原町田	発		1136	1140	1202	1217			↓		1206	1210		1233
相模大野	着		1138	1142	1205	1220			↓		1208	1212		1236
相模大野	発		1138	1143	1209	1224			↓		1209	1213		1240
小田急相模原	〃		↓	1146		1227			↓		↓	1216		
相武台前	〃		↓	1149		1230			↓		↓	1219		
座間	〃		↓	1152					↓		↓	1222		
海老名	〃		↓	1156					↓		↓	1226		
厚木	〃		↓	1159					↓		↓	1229		
本厚木	着		1150	1202					↓		1219	1232		

※新原町田発片瀬江ノ島行き各停は省略　出典：小田急 ダイヤ資料室

小田急車両形式 一覧表

1927〜	1942〜	1951改〜			使用開始		形式消滅		
小田原急行	東京急行	小田急電鉄	車長	扉数	西暦	昭和	西暦	昭和	備考
モハ1	デハ1150	デハ1100	15	3	1927	2	1960	35	
モハ51	デハ1100		17	3	1938	13	転出 1943	18	省モハ1形
モハ101	デハ1200	デハ1200	16	2	1927	2	1968	43	
モハ121	デハ1200	デハ1200	16	2	1927	2	1968	43	
モハ131	デハ1200	デハ1200	16	2	1927	2	1968	43	
モハニ151	デハニ1250	デハ1300	16	3	1927	2	1968	43	
モハ201	デハ1350	デハ1400	17	2	1929	4	1969	44	
モハ251	デハ1350		17	2	1941	16	転出		
クハ501	クハ1300	クハ1450	17	2	1929	4	1969	44	
クハ551	クハ1300	クハ1450	17	2	1929	4	1969	44	
クハ601	クハ1650	クハ1650	17	2	1941	16	1970	45	
	デハ1450	デハ1500	17	3	1947	22	車体新造	35	元帝都電鉄
	クハ1500	クハ1550	16	2から3	1947	22	車体新造	35	元帝都電鉄
	デハ1600	デハ1600	17	3	1942	17	1970	45	
	デハ1800	デハ1800	20	4	1946	21	1981	56	
	クハ1850	クハ1850	20	4	1946	21	1981	56	

以下デハ、クハ、サハも一括表示									
	略称	形式	車長	扉数	使用開始	昭和・平成	形式消滅	昭和・平成	
	ABF	1900	17	3	1949	24	1976	51	
	ABF	1910	17	2	1949	24	1976	51	2000形
	ABF	1700	17	1から3	1949	24	1974	49	特急後格下げ
	ABF	2100	17	3	1954	29	1975	50	軽量車体

	FM	2200	17	2	1954	29	1983	58	高性能軽量車
	FM	2300	17	1から3	1955	30	1982	57	特急後格下げ
	SE&SSE	3000	連接車	1	1957	32	1992	H4	軽量 高性能特急
	FM	2220	17	3	1958	33	1984	59	
	FM	2320	17	2	1958	33	1984	59	
	HE	2400	16	3	1959	34	1989	64	高性能経済車
	NSE	3100	連接車	1	1963	38	2000	H12	前面展望の 始め
	NHE	2600	20	4	1964	39	2004	H16	大型車
		4000	20	4	1966	41	2005	H17	大型車
		5000	20	4	1969	44	2012	H24	
		9000	20	4	1972	47	2006	H18	地下鉄 乗り入れ
	LSE	7000	連接車	1	1980	55		現用	
		8000	20	4	1982	57		現用	
	HiSE	10000	連接車	1	1987	62	2012	H24	ハイデッカー
		1000	20	4	1987	62		現用	ステンレス車
		2000	20	4	1995	H7		現用	ステンレス車
	RSE	20000	20	1	1991	H3	2012	H24	御殿場線 乗り入れ
	EXE	30000	20	1	1996	H8		現用	分割併合特急
		3000	20	4	2001	H13		現用	ステンレス車
	VSE	50000	連接車	1	2005	H17		現用	車体傾斜 台車操縦
		4000	20	4	2007	H19		現用	千代田・常磐 3線乗り入れ ステンレス車
	MSE	60000	20	1	2008	H20		現用	マルチ運用 特急
	GSE	70000	20	1	2018	H30		現用	

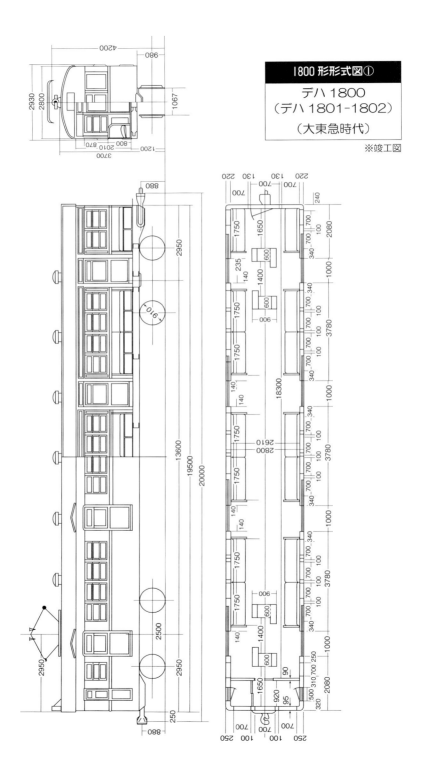

1800 形形式図①
デハ1800
(デハ1801-1802)
(大東急時代)

※竣工図

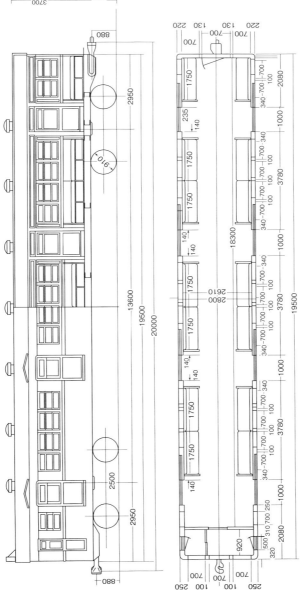

1800形形式図②
クハ1800
（クハ1851-1852）
（大東急時代）

※竣工図

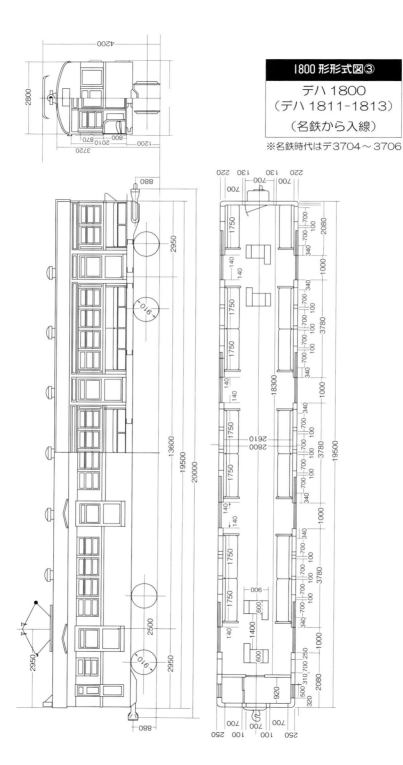

1800形形式図③
デハ1800
(デハ1811-1813)
(名鉄から入線)

※名鉄時代はデ3704〜3706

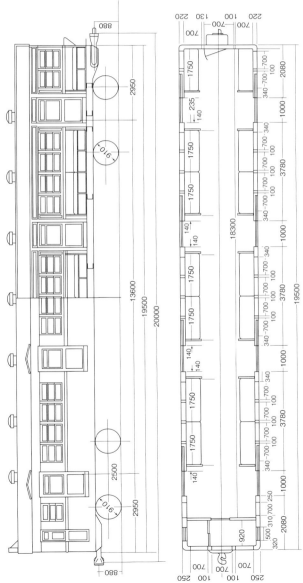

1800 形形式図④

クハ1800
(クハ1861-1863)
(名鉄から入線)

※名鉄時代はク3704〜3706

1800形形式図⑤
デハ1800
（デハ1801-1807）
（2枚窓に更新後）

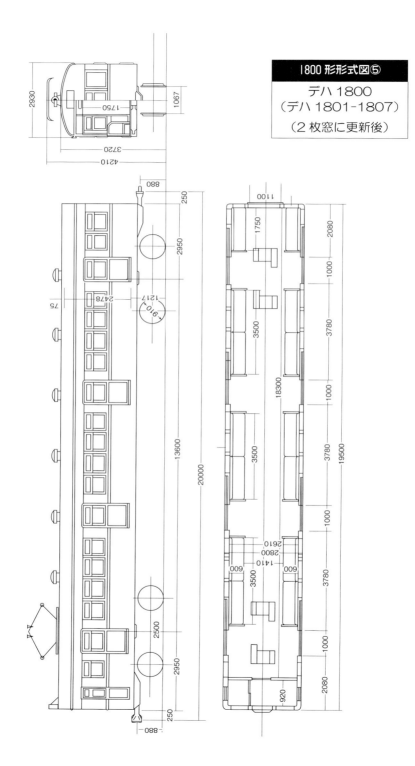

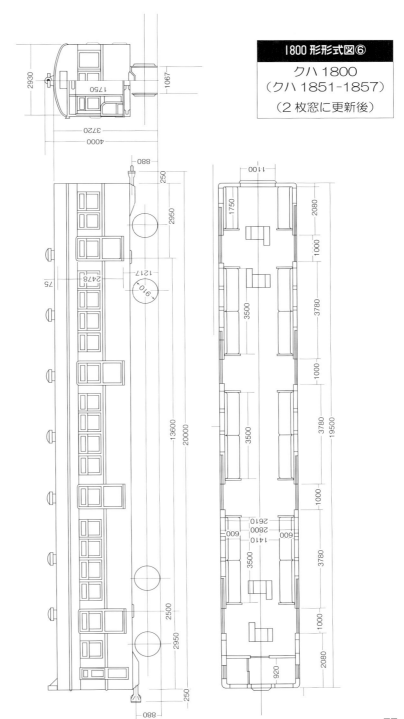

1800形形式図⑥
クハ1800
(クハ1851-1857)
(2枚窓に更新後)

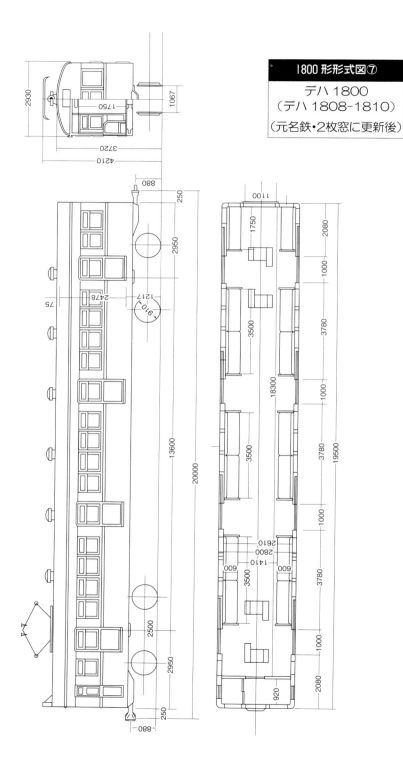

1800形形式図⑦
デハ1800
(デハ1808-1810)
(元名鉄・2枚窓に更新後)

1800形形式図⑧
クハ1800
（クハ1858-1860）
（元名鉄・2枚窓に更新後）

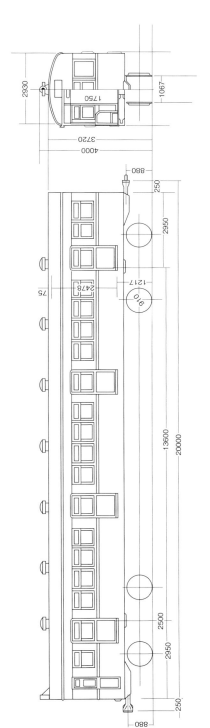
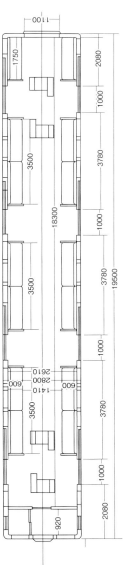

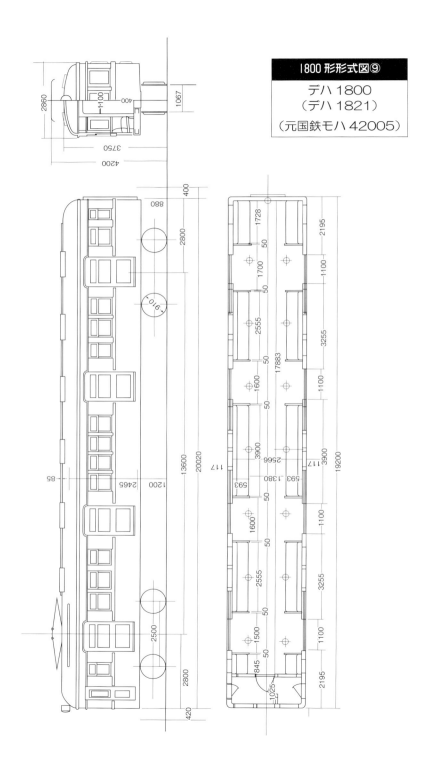

1800形形式図⑨
デハ1800
(デハ1821)
(元国鉄モハ42005)

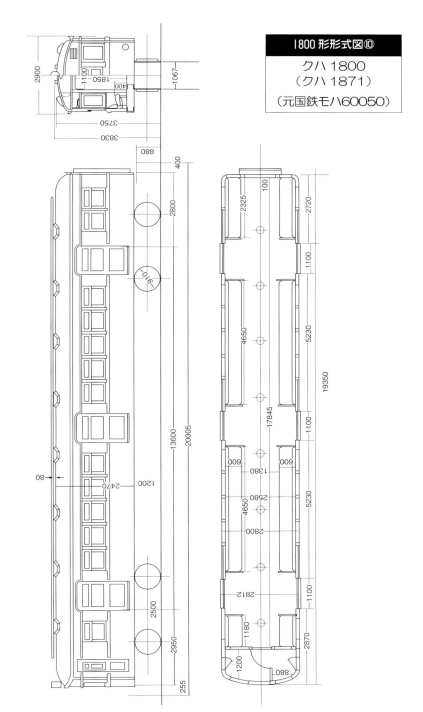

1800形形式図⑩
クハ1800
（クハ1871）
（元国鉄モハ60050）

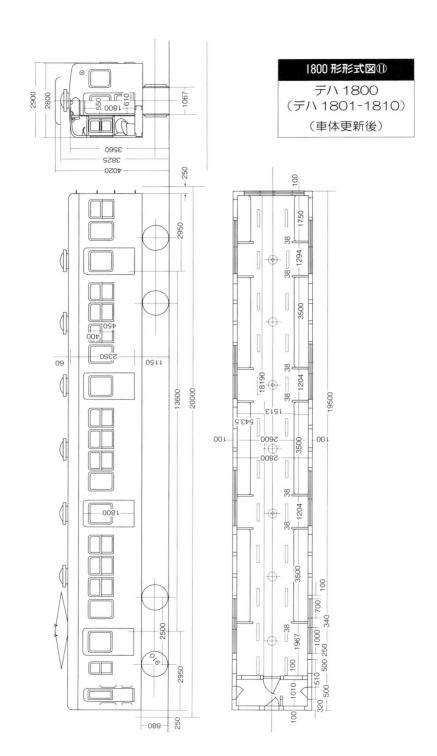

1800形形式図①
デハ1800
(デハ1801-1810)
(車体更新後)

1800形形式図⑫
クハ1850
(クハ1851-1860)
(車体更新後)

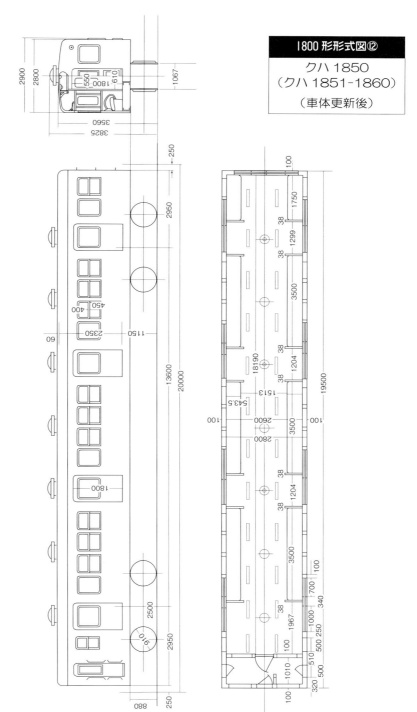

戎光祥レイルウェイリブレット4

小田急1800形
昭和の小田急を支えた大量輸送時代の申し子

2018年7月20日　初版初刷発行

著　者　生方良雄

発行人　伊藤光祥
発行所　戎光祥出版株式会社
　　　　〒102-0083　東京都千代田区麹町1-7　相互半蔵門ビル8F
　　　　TEL:03-5275-3361　FAX:03-5275-3365
　　　　URL:https://www.ebisukosyo.co.jp/
　　　　mail:info@ebisukosyo.co.jp

制作協力　デハ1801保存会　芳賀郁雄　安藤昌季　高橋茂仁
装　　丁　川本 要
編集協力　株式会社イズシエ・コーポレーション
印刷・製本　株式会社シナノパブリッシングプレス

ⒸYoshio Ubukata 2018　Printed in Japan
ISBN 978-4-86403-197-4

戎光祥出版　鉄道既刊書

小田急今昔物語

生方良雄 著

Ａ５判／240頁／定価：1,600円（本体）

　日本の私鉄の雄として君臨する小田急電鉄の歴史と現況を、小田急ＯＢの生方良雄氏が詳解します。車両解説は電気機関車を含む歴代全形式を網羅し、昭和20～50年代に撮影された貴重な走行写真も多数掲載。ＳＥ車設計秘話、人口激増期の輸送改善についても紙幅を割いて詳述しています。このほか、乗務員の機銃掃射の体験談、物資不足時代の車両整備の苦労談、事故の目撃談など、小田急の生き字引である著者が見聞した昭和時代のエピソードも随所で紹介されています。さらに、歴代全形式リストや全駅リストなどの関連資料も満載。鉄道ファン必読の書です。

東急今昔物語

宮田道一 著

Ａ５判／240頁／定価：1,600円（本体）

　東急電鉄の歴史と現況を、東急ＯＢの宮田道一氏が詳解いたします。前身の東京横浜電鉄、目黒蒲田電鉄、池上電気鉄道、玉川電気鉄道の車両を含む東急の歴代全形式について図面や写真資料を用いて詳述。地方私鉄の譲渡車についても言及しています。また、駅や沿線風景の写真も多数収録したほか、路線や系統の変遷、多摩田園都市を始めとする沿線開発史についても詳解。鉄道ファン必携の１冊です。